全世界
都是狗狗

给爱狗的人的创意活动书

[巴西]克拉丽斯·乌巴◎著　　[巴西]拉萨·蒙霍兹◎绘

杨晴川◎译　　杨子卿◎主编

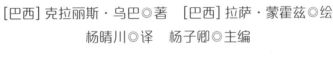
U0288338

天津出版传媒集团

天津人民美术出版社

图书在版编目（CIP）数据

全世界都是狗狗：给爱狗的人的创意活动书 / （巴西）克拉丽斯·乌巴著；（巴西）拉萨·蒙霍兹绘；杨晴川译；杨子卿主编. -- 天津：天津人民美术出版社，2024.6
书名原文：The World is Full of Dogs
ISBN 978-7-5729-1624-3

Ⅰ. ①全… Ⅱ. ①克… ②拉… ③杨… ④杨… Ⅲ. ①犬—普及读物 Ⅳ. ①S829.2-49

中国国家版本馆CIP数据核字(2024)第107568号

著作权合同登记号　图字：02-2024-046

The World Is Full Of Dogs
Text by Clarice Uba
Illustrations by Lhais Munhoz
Designed and directed by Lume Livros Editora Ltda - ME.
Copyright © 2022 Lume Livros Editora Ltda - ME.
Rua Paes Leme, 215 CJ 304 - Pinheiros
CEP 05424-150 - São Paulo - SP
Brazil

全世界都是狗狗：给爱狗的人的创意活动书
QUAN SHIJIE DOUSHI GOUGOU GEI AIGOU DE REN DE CHUANGYI HUODONGSHU

出 版 人：杨惠东

责任编辑：汤逸菲

策划编辑：刘贵霞

技术编辑：何国起　姚德旺

出版发行：天津人民美术出版社

社　　址：天津市和平区马场道 150 号

电　　话：(022) 58352900

邮　　编：300050

网　　址：http://www.tjrm.cn

经　　销：全国新华书店

印　　刷：天津善印科技有限公司

开　　本：889mm×1194mm　1/16

印　　张：5.25

印　　数：1-1000

版　　次：2024 年 6 月第 1 版

印　　次：2024 年 6 月第 1 次印刷

定　　价：49.80 元

这本书属于

在这里写下你的名字

全世界都是狗狗！
有大型的，有小型的，
有毛茸茸的，有光秃秃的，
还有很多很多不一样的狗狗。
可能现在就有1只狗狗站在你身边！

给你的狗狗看看这本书吧。

给这些狗狗涂上颜色，再画上几只狗狗……

哪里有人，哪里就有狗狗。
人类和狗狗已经做了很久很
久的朋友了……

为图中的人找到他们的狗狗。

画出你和你的狗狗，也可以再画一些人和他们的狗狗！

甚至在建筑、汽车以及马车出现之前，狗狗就已经是人类的朋友了……

画出城市的其余部分！
你能找到隐藏的马车吗？
你能找出1只戴礼帽的鸽子和7只狗狗吗？

很久很久以前，当世界上还有猛犸象和很多其他大型动物时，狼和人类相遇了。

但不是恐龙时代！恐龙在人类和狼出现之前已经消失了。

给这些史前动物涂上颜色吧。

没有人知道人和狼的初次相遇是什么样子的。

可怜的狼：人类真是奇怪的动物，他们喜欢穿衣服，喜欢制造噪音，甚至喜欢睡在火堆边。

我们都是怪人。

为图中所有人画上五颜六色的衣
服，再画1只困惑的狼。

渐渐地，一些狼发现睡在火堆边上非常舒服，还有了一起寻找食物的伙伴。人们发现狼是一种神奇的动物，它们的嗅觉和听觉比人更敏锐。

和人类多次接触后，有些狼留了下来，再也没有离开。

把狼带到人的面前，
并为图中空白部分涂色。
你能找出6只鸟和1条蛇吗？

但狼不是狗狗！

完全不是。和人类生活在一起的那些狼在漫长的时间里逐渐进化成为一种新动物：狗狗！

画一群一起玩耍的狼和狗狗。
你还可以画上1只蝴蝶和1只鸟！
给其中1只狼画个蝴蝶结怎么样？它看起来会更可爱。

自古以来，人类和狗狗有过许多冒险经历。他们一起生活在**古埃及**……

在长轴上画上一些埃及图画（也可以随意地给其他图案涂上颜色）。

……建造了**中国万里长城**。

在天空画满烟花和星星。
你能找到1只猫和1只老鼠吗？

他们在**欧洲**文艺复兴
时期并肩作战……

为这些肖像涂上颜色，并在空白
画框上创作自己的肖像画。（画框也
要涂上颜色哟！）

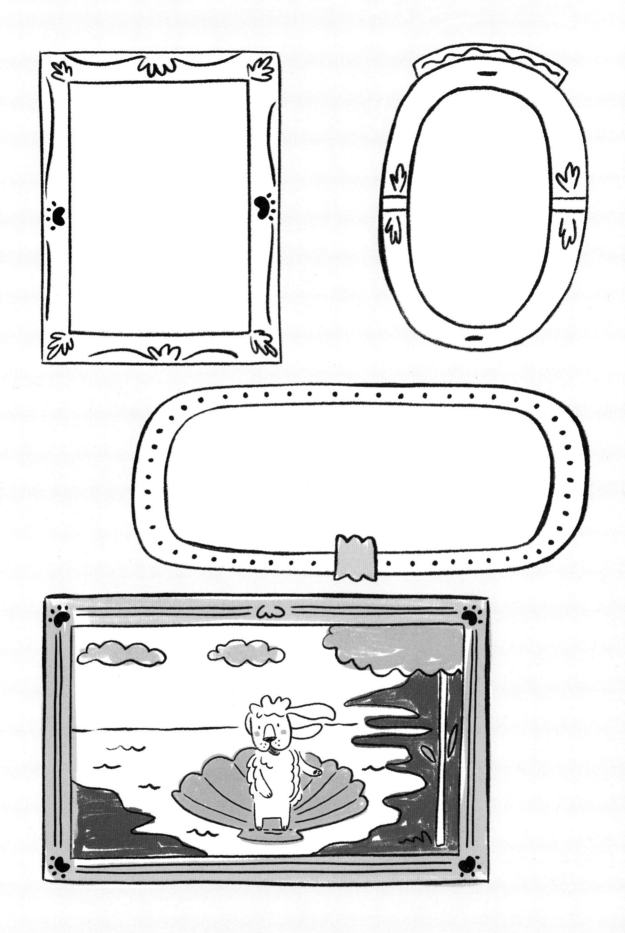

……经历了伟大的**印加**帝国时期！

在美洲驼群中找到狗狗。
先从戴眼镜的美洲驼开始涂色，
再为其他的美洲驼涂色！
你能找到1只戴围巾的美洲驼，
1只超级英雄美洲驼，
1只戴礼帽的美洲驼吗？

他们一起探索世界上
最寒冷和**最炎热**
的地方。

将这两个场景画完整并涂上颜色，然后找到1个水桶，1只螃蟹，1只企鹅。

狗狗甚至登上了**太空**！

将每只狗狗与它的飞船连线，
然后给所有东西涂上你喜欢的颜色。

当不同的人相遇，他们的狗狗也会相遇。

在邂逅的过程中，狗狗之间可能比人类之间更多地了解彼此！

这里有4种不同的制服。
为每件衣服涂上漂亮的颜色吧。

狗狗与人类相处的时间里，为了适应不同的生活环境和不同的工作内容，做出了相应的改变。

这就是为什么狗狗有不同的大小、颜色和外形。

给这些几何狗狗涂上颜色，加一些装饰吧！

寒冷地区的狗狗毛发茂密。
炎热地区的狗狗全身光秃秃。

看家护院的狗狗身强体壮。
家养的狗狗又小又可爱。

将这些狗狗的身体画完整。

这就是现存犬种的起源，不过有些狗狗可能已经离开了原本生活或工作的地方。

关于杂交狗狗和流浪狗狗呢？杂交狗狗兼具不同狗狗的特征。

如果把所有狗狗放在一个狗狗混合机器里，你可能会获得1只非常友好的狗狗。

给这些狗狗涂上颜色，再创作2只杂交狗狗。
（记得也给狗狗混合机器涂上颜色！）

如今，有些狗狗仍在工作（不是所有狗狗，甚至可能只有少数狗狗），很多重要的事情仍然需要它们来做。

你知道它们仍然会在世界上被冰雪覆盖的地方拉雪橇吗？

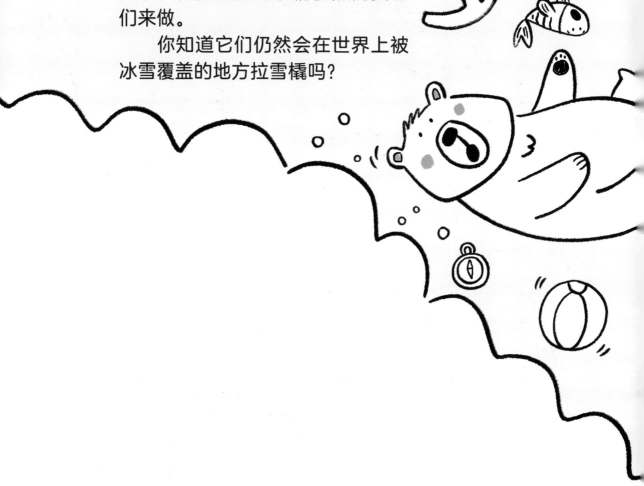

画一些在雪崩中滚落下来的东西，并给它们涂上颜色。
你能找到1只藏起来的狗狗和1只坠落的松鼠吗？

它们仍然看家护院……

图出这只狗狗正在看护的房子。

……看护绵羊、奶牛和山羊。

这只狗狗会遇到什么动物？

你能找到图中藏着的1只老鼠吗？

现在，狗狗们有很多新工作。

例如，你在电影或电视剧里看到的狗狗，就是狗狗**演员**！

给这个电影布景涂上颜色，并画出你在电影里看到的其他令人惊奇的东西，例如公主、海盗，反派、英雄、外星人和怪物。

狗狗也在**机场**工作，它们利用嗅觉排查可能放在登机行李中的危险物品。

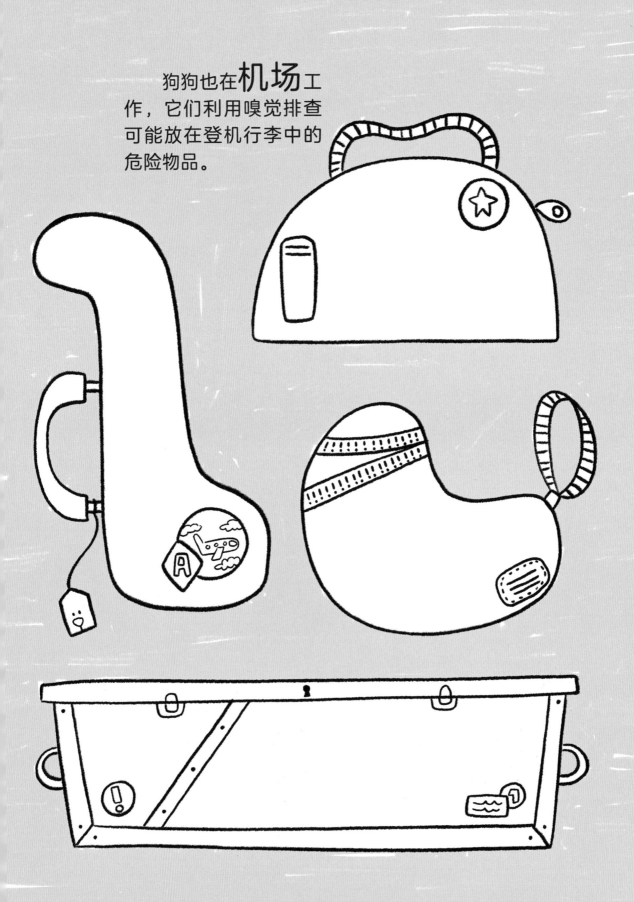

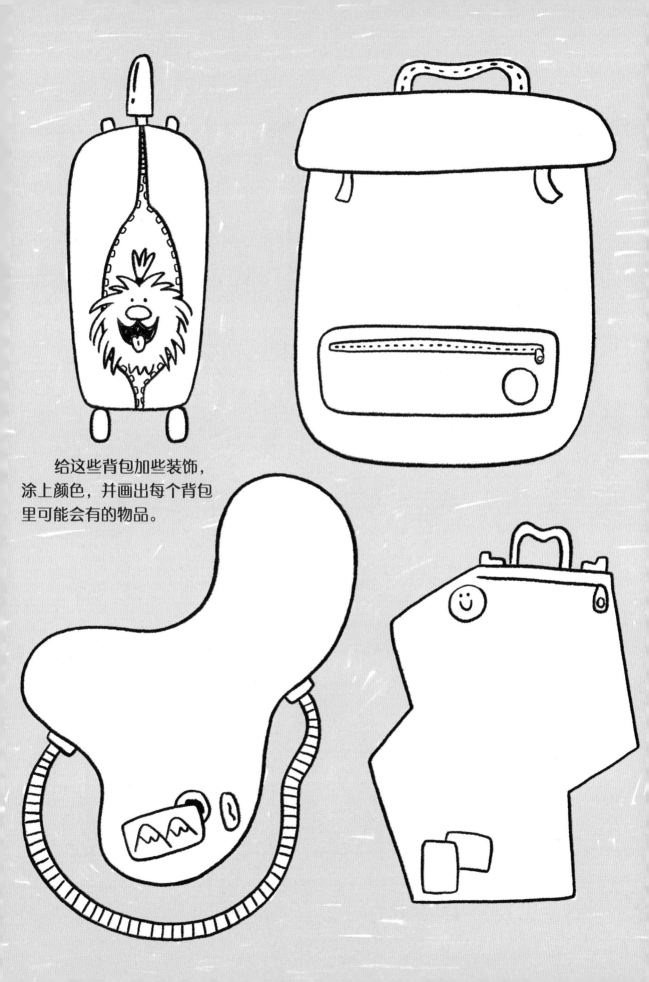

给这些背包加些装饰，涂上颜色，并画出每个背包里可能会有的物品。

它们也会帮忙搜救迷失在不同地
方的人，从山川、森林……

将这片森林画完整吧！

……到湖泊，甚至海洋！

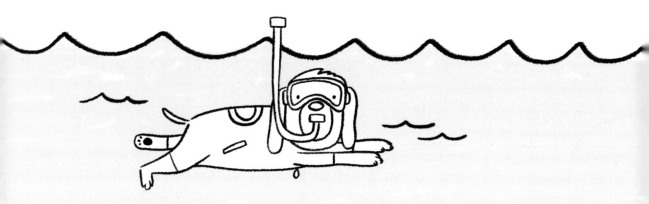

在大海里画满鱼和其他水生动物。
你能再画一艘潜艇吗？

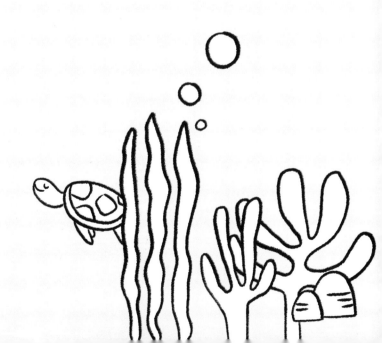

有些狗狗凭借超灵敏的
嗅觉寻找食物，如松露。

在过去，野
猪以松露为食。
它们嗅觉灵敏且
喜欢松露，会吃
掉找到的大部分
松露……

画出场景中其他可能
被埋在地底下的东西，并
用花和果实装饰树，然后
给所有东西涂上颜色。

你能找到藏起来的小
猪吗？小老鼠和它的宝藏
又在哪儿呢？

狗狗能做到最酷的事是用鼻子检测出疾病。

经过训练的狗狗可以嗅出某些疾病，准确率甚至比先进的机器还要高。

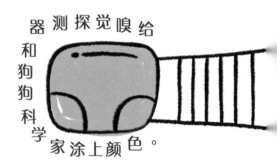

给嗅觉探测器和狗狗科学家涂上颜色。

再画一些有强烈气味的东西怎么样？

狗狗也帮助了很多人。

它们可以给聋哑人当向导，帮助行动不便的人。

它们甚至可以警示主人将要生病了，或者提醒他们按时吃药。

它们也是特定治疗师，可以在医院里看病。狗狗简直太酷了，许多人只要靠近它们，就会变得更好、更快乐！

请你帮助狗狗和它的主人回家。

画一些行驶在街道上的
汽车、摩托车和自行车。

它们是如何做到这些事，学到这么多东西的呢？

走进狗狗的秘密世界，我们发现它们不仅听觉敏锐、嗅觉灵敏，甚至视觉也更犀利。

其中最大的秘密是狗狗非常喜欢人类。

这就是为什么它们总是关注着主人。当我们生气、悲伤、焦虑或害怕时，它们能很快感知这些情绪。（有时甚至在我们意识到之前！）

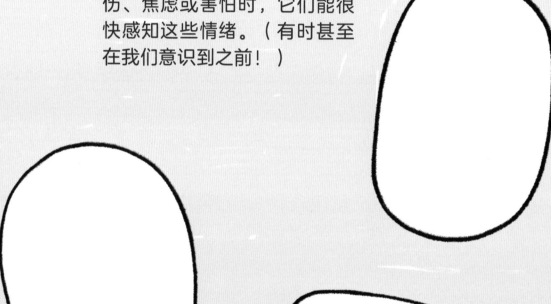

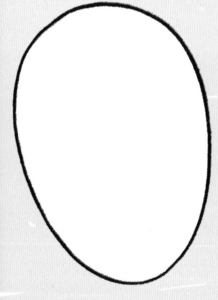

悲伤、幸福、嫉妒、惊恐、喜悦、害怕、愤怒和厌恶都是情绪种类！

你觉得这些人的情绪如何？在每一张空白的脸上画出不同的情绪。

狗狗是很棒的伙伴，因为它们非常关注我们，喜欢逗我们开心。而且，它们可以学会很多小把戏。你可以教狗狗坐下、躺下、翻身、伸出爪子、站立不动。

这很无聊！

这个过程中最重要的是要有耐心，记住学习对你们来说都是有趣的。

你的伙伴最想要的就是和你在一起，也许还想吃点美味的零食。

找出两幅图中5个不同之处，不要忘记给每样东西涂上颜色，加上装饰。

狗狗也需要和其他狗狗相处。
带你的伙伴去狗狗公园认识其他的狗狗吧，
它会喜欢的！

你能找到4个皮球和1只藏起来的猫吗？

给每样东西涂上颜色，再画一些在狗狗公园中玩的动物和人！

狗狗散步时，也喜欢遇到其他狗狗。

你知道吗，它们通过嗅对方屁屁来打招呼。这看起来很奇怪，但对狗狗来说很有效，因为每只狗狗的屁屁都有关于主人的气味信息。

对于狗狗来说，
你的屁屁也充满了信息。

找到1只隐藏在狗狗之间的兔子屁屁，找到唯一1只面朝着你的狗狗。

不要忘记给所有狗狗的屁屁都涂上颜色！

无论何时，都可以带着你的狗狗出去探索世界。

在你所在城市的公园里创造你们的冒险经历……

在公园里画上人、动物、
鲜花和任何你想要的东西。

……在农村……

画上农场动物并给农场涂上明亮的颜色。

你能找到1只藏起来的鸡吗？

……在**湖里**……

为这幅风景画涂色。

……在 **海滩**……

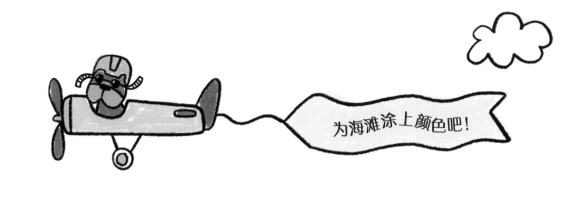

为海滩涂上颜色吧！

……还有任何你想去的地方。

你现在想去哪里？
在这里画出来吧！

一起混合颜色吧，因为没有什么
污垢是好好洗个澡解决不了的……

给图中的男孩子和狗狗涂上五颜六色的颜料，让他们看上去脏兮兮的。
他们还能玩些什么？
画出来吧！

你也需要洗澡了！

然后呢？一起吃顿大餐怎么样？

在下面画出你最喜欢的菜吧。

再一起度过充满美梦的夜晚……

他们都梦见了什么？在这里画出来吧。

……然后第二天起床，你可以继续看这本人类与狗狗之间古老的、有趣又特别的故事！

找到下面列出的角色，并给他们涂上颜色：

飞碟里的外星狗狗　　恐龙

礼帽鸽　　　　超级英雄骆驼

蜗牛　　　　北极熊

伪装的小猪　　　戴墨镜的女孩

狼　　　史前穴居野人　　奶牛